N°4

SUDOKU

랜딩북스

스도쿠 이해하기

스도쿠는 큰 사각형(9×9)에 1에서 9까지의 숫자가 일부 채워진 상태로 시작합니다. 퍼즐을 완성하려면 아홉 칸으로 이루어진 작은 사각형(□, 3×3), 가로줄, 세로줄의 각 칸에 1에서 9까지의 숫자를 중복없이 채워 넣어야 합니다.

작은 사각형

8		6						9
			8				1	6
2	9		6		1	8		
	3			6	8	4		2
9			5	3	4	6		1
6		7	1		2	3		
	6		3	4	7	2	5	8
	5	8					3	
		4	9	8	5			

가로줄

세로줄

큰 사각형(9×9)에 보이는 숫자들을 잘 살펴보고 각 빈칸에 들어갈 숫자를 알아내세요.

처음에는 확실한 숫자부터 채워나갑니다. 처음부터 빈칸을 다 채우려고 하면 오히려 헷갈려요. 반대로 한눈에 봐도 자리가 확정된 숫자들이 있는데, 그걸 먼저 채우면 퍼즐이 서서히 풀리기 시작합니다.

다음으로 작은 사각형(3×3)을 기준으로 보는 습관을 들여야 합니다. 처음엔 가로줄, 세로줄만 보게 되는데, 사실 중요한 건 작은 사각형(3×3) 안에 1~9까지의 숫자가 중복되지 않도록 채우는 거예요. 이걸 의식하면서 보면 빈칸의 숫자가 좀 더 쉽게 보입니다.

1. 작은 사각형 안에 1~9까지 숫자가 중복되지 않게 채운다.
2. 가로줄, 세로줄에도 1~9까지 숫자가 중복되지 않게 채운다.
3. 모든 작은 사각형, 가로줄, 세로줄에 1~9까지 중복되는 숫자없이 모든 칸 안에 하나의 숫자가 들어가야 한다.

Tip. 작은 사각형이나 가로줄, 세로줄에서 빈칸이 가장 적은 사각형들을 먼저 채워 나가면 퍼즐을 쉽게 풀어나갈 수 있다.

스도쿠를 푸는 방법

1. 작은 사각형, 가로줄, 세로줄 확인하기

스도쿠의 시작은 작은 사각형(3×3), 가로줄, 세로줄을 분석하는 데 있습니다.

예를 들어, 하나의 작은 사각형(3×3)에 1, 2, 3, 4, 5의 숫자가 이미 들어가 있다면, 그 작은 사각형(3×3)의 나머지 칸에는 6, 7, 8, 9 중 어떤 숫자가 들어갈 수 있는지를 결정할 수 있습니다. 이처럼 각 빈칸에 들어갈 수 있는 숫자를 고려하는 것은 문제 해결에 큰 도움이 됩니다.

1) 3×3의 작은 사각형 푸는 방법

㉮의 작은 사각형에서 A, B에 들어가야 할 숫자를 찾아보자. ㉮의 작은 사각형에 들어가야 할 남아 있는 숫자는 2와 8이다.

A의 세로줄에 이미 2가 있으므로 B에 2가 들어가야 한다. 그러므로 A에는 8이 들어가야 한다.

		2			8		4	1	3	
			8	3	6	2	5			
	3	9			5			2		
	9	Ⓐ	Ⓑ	4		6	7	Ⓒ	Ⓓ	
㉮	7	3	4	2		5	8	Ⓔ	6	㉯
	1	6	5		7		3	4	Ⓕ	
		4	1					3	5	
			3	8	4	1	9	6		
	6	7	9					8	4	

㉯의 작은 사각형에서 C, D, E, F에 들어갈 숫자를 찾아보자. ㉯의 작은 사각형에 들어가야 할 남아 있는 숫자는 1, 2, 5, 9이다.

1이 들어가야 할 자리는 C, E의 세로줄과 F의 가로줄에 이미 1이 있으므로 D에 1이 들어가야 한다.

2가 들어가야 할 자리는 C, E의 세로줄에 이미 2가 있으므로 F에 2가 들어가야 한다.

5가 들어가야 할 자리는 E의 가로줄에 이미 5가 있으므로 C에 5가 들어가고, 나머지 9는 E에 들어가게 된다.

2) 가로줄과 세로줄 푸는 방법

㉮의 가로줄 A, B에 들어가야 할 숫자를 찾아보자. ㉮의 가로줄에 들어가야 할 남아 있는 숫자는 8과 9이다.

A의 세로줄에 이미 8이 있으므로 B에 8이 들어가며 나머지 9는 A에 들어가게 된다.

㉯의 세로줄 C, D에 들어가야 할 숫자를 찾아보자. ㉯의 세로줄에 들어가야 할 남아 있는 숫자는 1과 5이다.

㉰의 작은 사각형에 이미 1이 들어가 있으므로 C

		2			8		4	1	3
		Ⓒ	8	3	6	2	5		
	3	9			5			2	
	9	8	2	4		6	7	5	1
	7	3	4	2		5	8	9	6
㉮	1	6	5	Ⓐ	7	Ⓑ	3	4	2
		4	1					3	5
㉰		Ⓓ	3	8	4	1	9	6	
	6	7	9					8	4
		㉯							

에 1이 들어가며 나머지 5는 D에 들어가게 된다.

2. 후보 숫자 적어두기

초보자에게 가장 추천하는 방법 중 하나는 퍼즐을 풀다가 막히면 빈칸에 들어갈 후보 숫자를 모두 적는 것입니다. 이렇게 하면, 특정 칸에 들어갈 수 있는 숫자의 범위를 줄이는 데 효과적입니다. 예를 들어, 특정 빈칸에 7과 8이 넣을 수 있는 숫자라면, 그 칸에 작은 글씨로 적어두고 다른 숫자들과의 관계를 살펴보세요. 각 칸에 적힌 후보 숫자를 통해 어떤 숫자가 들어갈 수 있는지를 파악할 수 있습니다. 이 과

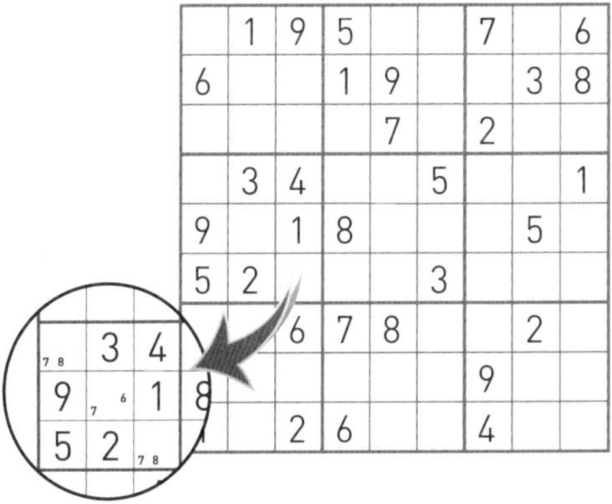

	1	9	5			7		6
6			1	9			3	8
				7		2		
	3	4			5			1
9		1	8				5	
5	2				3			
		6	7	8			2	
						9		
		2	6			4		

7 8	3	4
9	7 6	1
5	2	7 8

정은 처음에는 다소 번거롭게 느껴질 수 있지만, 반복하면서 훨씬 더 익숙해질 것입니다.

3. 적절히 휴식하기

스도쿠 문제를 풀다가 중간에 잠시 생각을 멈추어 정리할 필요가 있습니다. 이를 통해 퍼즐 전체를 다시 검토하고 새로운 관점을 발견할 수 있습니다. 때로는 문제에 갇힌 상태에서 벗어나 잠시 휴식이 필요합니다.

4. 시간제한 두기

스도쿠 문제를 풀 때 시간을 체크하고 시간제한을 두는 연습을 합니다. 일정 시간 내에 퍼즐을 푸는 연습을 하면서 보다 효율적으로 문제를 해결하는 능력을 키울 수 있습니다. 초기에는 여유롭게 시간을 두고 생각하며 문제를 풀다가, 점차 빠른 속도로 문제를 해결하는 것을 목표로 하는 것입니다. 제한된 시간이 주어지면, 긴박감 속에서도 논리적인 사고를 유지하는 데 도움이 됩니다.

5. 다양한 난이도 도전하기

스도쿠를 더욱 잘 풀기 위해서는 다양한 난이도의 퍼즐을 시도하는 것이 중요합니다. 쉬운 문제부터 시작하여 점차 어려운 문제로 넘어갈 때 자신의 발전을 느낄 수 있습니다. 초기에는 쉬운 문제로 감을 익히고, 중간 및 어려운 난이도로 넘어갈 때는 보다 분석적인 사고가 필요하다는 것을 깨닫게 될 것입니다. 이렇게 하면 스도쿠에 대한 자신감을 키우고, 실력을 단계적으로 증진시킬 수 있습니다.

이 책은 난이도에 따라 ★★★(조금 어려움), ★★★★(어려움), ★★★★★(매우 어려움)으로 구성되어 있습니다.

※ 스도쿠는 단순한 숫자 퍼즐이 아니며, 깊은 사고와 전략적 접근이 필요한 도전적 게임입니다. 초보자라 하더라도 앞에서 언급한 방법을 통해 문제 해결 능력을 기를 수 있습니다. 한 문제씩 차근차근 풀어보며, 스도쿠가 주는 재미와 보람을 느껴보길 바랍니다. 지적으로 도전하는 과정을 통해 머리도, 마음도 한층 성장하게 될 것입니다. 스도쿠를 통해 문제 해결 능력을 기르고, 삶의 여러 도전들에 대해 보다 자신감 있게 접근할 수 있기를 기원합니다.

SUDOKU

001

★★★

4		1	2		5			9
	8						4	
7			1	4				5
3		9						
2	4			5			3	
6		7						
1	3			8	2			
		5		9			6	
				3			1	7

정답은 **130쪽**에 있습니다.

SUDOKU

002

★★★

5	9				2			
				1			8	
	3	7		6	5			
8	5						1	
	7		5	3	4		2	6
		3						
		9	6					3
6			4			1	7	8
		4		8		9		

정답은 **130쪽**에 있습니다.

SUDOKU

003

★★★

	3	9	8		5	6		7
			9	6				4
		5			1		2	
					6	3		
1		8			7		9	5
5			4					2
	9			8	3			
	8				4			
4		1		2				

정답은 **130쪽**에 있습니다.

SUDOKU

004

★★★

7		9	4		5		3	2
	2			9		6	1	
1	6		5					7
			8	1		4		6
	5	4						
		1	6				4	9
	4			2			7	
			3		1			

정답은 **130쪽**에 있습니다.

SUDOKU

005

★★★

		4		2				
6	5					7	3	
						8		
		3				5		4
	2							9
7		1	8		9	2		
2		6	5	8		9	1	
		7			6			8
4			1				2	

정답은 **131쪽**에 있습니다.

SUDOKU

006

★★★

5	2				8		7	
		7			6	2		3
	3						6	1
	5	8	2	9			3	
1							2	
			5			7		8
2	8			4	9			
			7		5	8	9	
		3						

정답은 **131쪽**에 있습니다.

SUDOKU

007

★★★

3			2		6			7
	9		4		7		8	
		1	5		8	9		
8			7		9			
	3						6	
	2			8			9	
9								2
1	5			6			7	3
		4		5		6		

정답은 **131쪽**에 있습니다.

SUDOKU

008

★★★

	2	1			7			8
			4	9	2			5
6		9					7	
1		2						
				1	5			3
5			7		8		4	
7	6			5		9		
		8	3					1
					9	4		6

정답은 131쪽에 있습니다.

SUDOKU

009

★★★

4	1	3				9		
				8		3		2
6		8			9			
				5	7	4		6
	6			1				3
	5			9			1	
7				6	1			4
5	4		8			6		
				7				5

정답은 **132쪽**에 있습니다.

SUDOKU

010

★★★

	1	6		7			8	3
	3			2				1
					9		5	
1		8						7
5	9		7			4		
					8		2	5
		4	5				1	
8			6			3		
	7		2		3			9

정답은 **132쪽**에 있습니다.

SUDOKU

011

★★★

1	4				3			6
2			5	6	7			
						7		9
5	8			4	1	9		
9	3					4		2
				9	6			
	1	2	8					
				3				7
	7				4	6	5	

정답은 **132쪽**에 있습니다.

SUDOKU

012

★★★

			6			3		
				1	3	2		5
9	1			2	8		7	
	3		4			1	8	
		6		9				
1				5			3	6
8	5		2		7			1
	7			8		5	2	

정답은 **132쪽**에 있습니다.

SUDOKU

013

★★★

	5		8		3			
	6	8		5		7		3
		1			7	6		
			9	2			7	5
				1	5			
	7	5		4			1	
2	3				4		8	9
	8					1		
7					9			

정답은 **133쪽**에 있습니다.

SUDOKU

014

★★★

	7	9					6	
		8		5	1	9		3
2		5		6			4	
	9				8			6
				9		7	5	2
	6		7	2	4			1
	5	1						
4				3		5		
								7

정답은 **133쪽**에 있습니다.

SUDOKU

015

★★★

			2					
	9			5	6		3	7
		5		7		4		
1		2						
	5	8		4		6		3
3					9		1	
		6						
8						2	4	5
		4	9	2	3		6	8

정답은 **133쪽**에 있습니다.

SUDOKU

016

★★★

	6	9	8		3	1		5
1			6				9	3
	7	5						
						3		
7	3	6	4	5	9	8		
					7			
		3			6	7	1	
	4		5			6		
		8		2				

정답은 **133쪽**에 있습니다.

SUDOKU

017

★★★

1	3	2	7				9	
		6	9	3				5
4			6			3		
	5		2		3			
	7	4		6	5			
			4			7		1
		9					2	
3			8				4	
				1		9	7	

정답은 **134쪽**에 있습니다.

SUDOKU

018

★★★

6	7							3
	9		2					
4	5			1				
		5	9		2	7		
1	4			7			8	6
		7	1		8	4		
				2			5	9
					6		4	
	2						1	7

정답은 **134쪽**에 있습니다.

SUDOKU

019

★★★

5				8	3			
		2					1	8
6			9		4			
		3		9				
7	8		1			3		2
	9			7	2		5	
		7	6			9		
3					8		4	
8	1			5				7

정답은 **134쪽**에 있습니다.

SUDOKU

020

★★★

	4	1				5		
5	6			1		2	7	4
		3					9	
	9		5			1	6	8
	8			9				
		4		3	8		5	
	1							7
				8				
2			4		7	3		9

정답은 134쪽에 있습니다.

SUDOKU

021

★★★

1	7					8		
	8			7	6			4
		4				1	2	
					3	5	9	1
	4			2				
	1		7	8		3		2
7		2	3				6	9
				6			8	
3			2					

정답은 **135쪽**에 있습니다.

SUDOKU

022

★★★

	4		8				5	
8				5			2	3
2	3		4			1		8
	5	7	3					
4	8		6	9		7		
								9
		4			7		8	
7			2			3	4	
		8	9					

정답은 **135쪽**에 있습니다.

SUDOKU

023

★★★

5	9			1			2	
		1	4	6				9
6						5		
8		9				4		
	1		2			9		
	6				8		5	
	7	3			1		4	
2			3		7	1		
			8	2				7

정답은 **135쪽**에 있습니다.

SUDOKU

024

★★★

	4						3	9
				2		7		8
1		8			7	5		
	2		5	9				6
5				6	4			
		9	3	7	2			
7	1	6	9	8	3			
3				5		9		

정답은 135쪽에 있습니다.

SUDOKU

025

★★★

6		5	4			1		
	1		8	5			3	9
	4		1					
3		7				6		
4	5				8			
	8		5		7	3		1
		3					6	
2				9				
					3	8	7	

정답은 **136쪽**에 있습니다.

SUDOKU

026

★★★

				3		2		6
9	6	2	7	1				
								8
	7		1	5				2
2	8				4	5		
				8			4	
3		4	6	2		9		1
	2	7				3		
		9		4				

정답은 **136쪽**에 있습니다.

SUDOKU

027

★★★

3			6		5		1	
	5		4	7			8	
	7							
8				2	9	6	4	
4	9	1		5			3	
	6		2	4				8
2					1	7	6	3
						4	2	

정답은 **136쪽**에 있습니다.

SUDOKU

028

★★★

	5		6	4	8	1		
	4		7			5		
		9		2				7
	6		8	7		9		
9		1			6			
	8				1		6	3
						7		
8		6	2				5	
		3		8	4			

정답은 136쪽에 있습니다.

SUDOKU

029

★★★

3			6		2			5
				5	3	9		7
	2		9					6
						4	9	
	4	6						3
9	8						7	
6		1			5			4
4	3			6			5	
2					7			8

정답은 **137쪽**에 있습니다.

SUDOKU

030

★★★

	9		1		7			
		2		4			5	7
5		7	9			4		
	4	8		7				9
				3	6		7	
		3	8	9	1			
2	1	6						
			5				2	8
	8					1		

정답은 137쪽에 있습니다.

SUDOKU

031

★★★

		4		9			8	6
	5			8	1			
	2			4		1		
6		3						5
	7				5		2	
			4	7		6		8
		9			8			2
7					3			4
		1	7	6				3

정답은 **137쪽**에 있습니다.

SUDOKU

032

★★★

	3			5			2	
			7					4
4	7		1			6		
1		8	6	3				
	5			4	9	2	6	
			2			3		
5		3					7	
8		2	5	6		1		
					2	9		

정답은 **137쪽**에 있습니다.

SUDOKU
033
★★★

	9		3					2
4				9		5		7
5				2				
6			2			7		
		8					3	9
	3	5		4	1			
	7	2	4		8		6	
9				1		4		
3				5			7	

정답은 **138쪽**에 있습니다.

SUDOKU

034

★★★

9				7		2		
1						3		
8		2	1		6		4	
	9		4					5
				5	7			9
	7	1	2				6	
	5				2			8
2					5	9		3
	8	4			3			

정답은 **138쪽**에 있습니다.

SUDOKU

035

★★★

	7					6		2
5				7	8	3		
		4			3		5	
2								
	1	9				7		3
	3		7		1	4		8
					2		3	
	6	1	8	9				5
	4						6	1

정답은 **138쪽**에 있습니다.

SUDOKU

036

★★★

				8	4			
1			3	7			4	8
		3				7	5	6
4		1		2				
2	6		5			8		
				6	7	3		
7		8		9				3
			2			9		
6	5						1	

정답은 **138쪽**에 있습니다.

SUDOKU

037

★★★

		2				4		
				7			5	6
6	9		4		2			1
			1	8	4		2	
3			2					5
		9			5		4	
		1	8				6	2
	7					8	1	
	8		5		9			

정답은 **139쪽**에 있습니다.

SUDOKU

038

★★★

	4	3		9			8	
				4			7	2
		6			8	9		
4		8						3
	9			5		7		
	2				7			1
8		7	5		3		2	
	5		2					8
	3		6				1	

정답은 **139쪽**에 있습니다.

SUDOKU

039

★★★

3								7
		1			3	4	8	
2	4	8						5
				7	2		5	
5		2	6					1
				9				8
	3		1	2	9		4	6
		4					7	
1		5						3

정답은 **139쪽**에 있습니다.

SUDOKU

040

★★★

		8	5					
				9				2
4	9				6	8	7	
9						6		
		5	1		3			7
	4	7		8			5	
	8	1	4	2			3	6
					1			8
3				6			2	

정답은 **139쪽**에 있습니다.

SUDOKU

041

★★★

3				8			2	
	1			5	9			7
6		4					5	1
			5					
	2	9		4				
		3			2	1		
	4							3
5		6				9		
9	3			2		6	7	4

정답은 **140쪽**에 있습니다.

SUDOKU

042

★★★

		2	8				5	6
	9			3				
		1		7			8	2
5	7		4					
	8				6		2	
1			7					4
		7				5		8
	4		1	6				3
9				5	8	4		

정답은 **140쪽**에 있습니다.

SUDOKU

043

★★★

				1			6	2
		2		9	5			
3		4	2			9		
2		6	4	7				1
	8			3				
5							9	6
	5		7					
		1	9	6			5	
7		3			1			4

정답은 **140쪽**에 있습니다.

SUDOKU

044

★★★

	4			3			8	
		1				5		3
			7	6			9	
		2				9		6
	9	8	1	5				
7					2	1		
	8		3			7	1	5
		6	5	8			3	
		4		1				

정답은 140쪽에 있습니다.

SUDOKU

045

★★★

	3		1			8	7	4
2					8			
		1			7		6	2
7			3		5		9	
4	6			1			3	
6		8		5	3	7		
		4		8			2	
		5		9		6		

정답은 **141쪽**에 있습니다.

SUDOKU

046

★★★

	5						2	9
2								
9						8	5	4
				1	6	7	4	
					8	9		5
	7	2		4			6	
6				2			8	1
7		1	5					
4		8		9				3

정답은 **141쪽**에 있습니다.

SUDOKU

047

★★★

	2						4	
		3	9		8		2	6
9				2	1	3		7
					4			3
		7			5	4		2
5			7					
		6						
3	5					1		
8	9		1		7	6		5

정답은 **141쪽**에 있습니다.

SUDOKU

048

★★★

9			8			7		5
				9	4		6	
	6	5				8		
		9	6				8	7
2					5			
6				1		4		3
		7	1					
3				5		2		
8		1			9	3		4

정답은 **141쪽**에 있습니다.

SUDOKU

049

★★★

				7		4	8	
		7					5	6
2		6		8	5	1		
	1							
	7	4					2	5
	6	8		4	7	3		
	9		1	6	2		3	8
					4			9
					3			

정답은 **142쪽**에 있습니다.

SUDOKU

050

★★★

		3			9			2
9	5				2	3		
				1		5		
	7						2	
	4					6		8
2		8						4
6	3		9		1			
5	1			3		8	7	
			4		5		6	

정답은 142쪽에 있습니다.

SUDOKU

051

★★★★

2			1					6
6	8			9				
					7			
	2			3	8			
		3	4			9		
1			2					4
3						6	7	9
4			7			5		
		6		5	1		2	

정답은 **142쪽**에 있습니다.

SUDOKU

052

★★★★

4				6	2	9		3
			8					
3		8	4				6	
1		5					4	
								1
	9						3	
		4			5		2	
5		7			1			
		3	6	4				8

정답은 142쪽에 있습니다.

SUDOKU

053

★★★★

	3						5	1
	5		7		2	6		
		4				9		
3					7		2	
	4	8			3	1		
				6			8	
					1	8		6
1	2				4			5
	6				5			

정답은 **143쪽**에 있습니다.

SUDOKU

054

★★★★

2			5	4				7
5						1		
		6	9				3	
3				6			5	8
8		9	7					3
						2		
6		8	3					
	1						4	
	7		8	1				6

정답은 **143쪽**에 있습니다.

SUDOKU

055

★★★★

7		3	4		5	9		
			2				7	5
	1							
		5	1					8
						2		
	6	1	8	2		5		
					1			4
4	9			8			6	
	2	6			3			

정답은 **143쪽**에 있습니다.

SUDOKU

056

★★★★

	7		3		5		6	
1		4						2
			7	2			8	
4		3	6	5		1		
2							5	
		6						3
		9	1			4		
			9					7
3				6		2		

정답은 **143쪽**에 있습니다.

SUDOKU

057

★★★★

3	9		8				4	
1		6						2
			1	2			7	
				4		7		
		3	7	9	5	4		
5								
				1				
9						8		3
8	2				3		5	

정답은 **144쪽**에 있습니다.

SUDOKU

058

★★★★

			3			8	6	
	4	7		8				
3				2			5	
6								
	3	1	5		8			9
		2	4			6		
	1		6			5		
	8			4			3	
				7	9		4	

정답은 **144쪽**에 있습니다.

SUDOKU

059

★★★★

			3		4			
8	3			2				
	2						7	
	6							4
			9	4	5		8	
5		8						7
2		1					5	9
		9		3	1			8
		4		7		6		

정답은 **144쪽**에 있습니다.

SUDOKU

060

★★★★

8					2		4	6
2				3		1		
		3		6				7
					6		3	2
4			2					
	1				8	5		
		4					6	
				7	1			4
5		7			9			3

정답은 **144쪽**에 있습니다.

SUDOKU

061

★★★★

5				9			2	
		3						8
		7	6		2	5		
6		4		2		3		
				3			4	
	7		9					
4				6		1	3	
	9	6		7				
		5					9	4

정답은 **145쪽**에 있습니다.

SUDOKU

062

★★★★

	7		2		3	1		
	4		5					
	2						5	3
9	3		4					2
				1			6	
		2	9			8		
		6	3	7			8	
8						7	9	
			6			4		

정답은 145쪽에 있습니다.

SUDOKU

063

★★★★

			8			3		
7		2		4				1
	6	3			7		2	
9		5			3			6
6	1							
			5	8			1	
		4					3	
				9				2
5			2		1			7

정답은 **145쪽**에 있습니다.

SUDOKU

064

★★★★

6				4			5	
	5				6		9	4
							1	
		7	8	1				2
	3				9			
2			4	3				1
	2	4			3		8	
		6		8				7
9						6		

정답은 **145쪽**에 있습니다.

SUDOKU

065

★★★★

				6			3	
		7		2		1		
1		5	3					
				8				
8	2	4	9				6	5
				5			9	1
9		8			5		4	
			2			7		9
2		6						

정답은 **146쪽**에 있습니다.

SUDOKU

066

★★★★

8		3			4			
5					8		7	
		6			2		9	5
								6
6				4	1	3		
		4			3		1	9
		1		8				2
	3						6	
7		8	5			9		

정답은 **146쪽**에 있습니다.

SUDOKU

067

★★★★

9	5				6		7	
			4	9				2
	3		8		7			
3					5		8	
6					2			1
							6	5
7		8	2			1		
			6			9	2	
					1	6		

정답은 **146쪽**에 있습니다.

SUDOKU

068

★★★★

4					6	2		
9		1				7		5
				1	5			
		8				5		4
6					9			
5				6	8			1
	7			2				
		9			3			
3		4				8	7	2

정답은 **146쪽**에 있습니다.

SUDOKU

069

★★★★

			1			8	2	
2	5	7						4
4								
	7			3	9		8	
	6							1
				7		5		
1			2				9	
	2		3		5		6	
	8	3				2	1	

정답은 **147쪽**에 있습니다.

SUDOKU

070

★★★★

				6		8	1	
2				3	4	9		
								2
4	6	7			8			
		2				1		
	9					5	8	
5			3	9				
		9			7	4		
	7		5	4				1

정답은 **147쪽**에 있습니다.

SUDOKU

071

★★★★

		6	7				8	
2	7				9	4		
	5	8				1		
	9					5	4	3
								6
1	3					7		
					7			4
				8		2		
4	2	9	3	5				

정답은 **147쪽**에 있습니다.

SUDOKU

072

★★★★

		1			9		6	5
7							8	
		3	2					7
	6				3		7	8
5	1			2				
			9			1		
	9			4				
4							2	6
		5			7	9		

정답은 147쪽에 있습니다.

SUDOKU

073

★★★★

			4	3			9	
	3						1	
2				1				
	7			9			8	5
1	8			5		2		3
3								
			1		9		7	
6		2		4		5		
8			5					4

정답은 **148쪽**에 있습니다.

SUDOKU

074

★★★★

7							1	6
				2	9	5		
		5		1			2	
	9					8		
		2	5		6			9
		7			1			
6		8					9	2
	4				7	1		
1				4				8

정답은 **148쪽**에 있습니다.

SUDOKU

075

★★★★

				2				
4					8		3	5
	8		3			6		
		7						6
		1		5	9			
8			6		7	3		1
	7				6	1		
1				7				4
		3		9		8		

정답은 **148쪽**에 있습니다.

SUDOKU

076

★★★★

	1				3	2		
			2	9				7
						3	6	4
2				6		1	3	
	9						4	
	6			4	5	8		
1				3			7	
		6						
4		5	7		9			

정답은 **148쪽**에 있습니다.

SUDOKU

077

★★★★

5	1			2	3			
			4	7				
	8			5				
			1				3	6
	6					9		5
3	7		2					
	3	9					4	
		4	8	1				
7				4		2		1

정답은 **149쪽**에 있습니다.

SUDOKU

078

★★★★

2				3				7
	1				6			8
		8		4			2	
	6	1	7		3	9		
9		7		1				
	3					5		
		9		7				
			3		4		1	
	2				9		6	

정답은 **149쪽**에 있습니다.

SUDOKU

079

★★★★

	4		1				8	
	2		3		6			5
						6	3	
		8		9				
	5	3				7		6
2								
5			7		9	1		4
	9		5		2			
		1			4	2		

정답은 **149쪽**에 있습니다.

SUDOKU

080

★★★★

7					3		1	2
9					7			5
				4	6	9		
	3				5		7	1
	4					2		
			3	2				4
8		1				6		
	7							
	9	5		1				3

정답은 **149쪽**에 있습니다.

SUDOKU

081

★★★★

			3			2		7
					6			9
8	3	2		7				
		6			3		7	
9				5		1		2
		4			1			5
	8		7					
3	7			8	5	6	4	

정답은 **150쪽**에 있습니다.

SUDOKU

082

★★★★

		9			7	1		
5		2			1	7		3
				4			5	
	4						6	
9			4	5			2	
		1		8	2			
1		5	3					
	2	6					7	
				2		3		5

정답은 **150쪽**에 있습니다.

SUDOKU

083

★★★★

	3							
	2					9	1	
1			2		8		4	
7		4				2		5
			3	1				
					4	6		1
6	4							
	5			7				
3			4		1	7	9	6

정답은 **150쪽**에 있습니다.

SUDOKU

084

★★★★

		3	2					9
	4			5	3		6	
8			6				1	
		4	1					8
			9	6				
	1	6			5		2	
				3	2		8	
1							7	
	2				8			5

정답은 150쪽에 있습니다.

SUDOKU

085

★★★★

2			7					
		4	6		8	5		3
1					9			6
	5				4		3	7
			8	9				
4				1		8		
8			1	7			2	9
5	2			8				

정답은 **151쪽**에 있습니다.

	5		4			2		
	7							
		4		6	1		7	
	1		8		2		6	
		8				1		
	6		3					
3		1		2				5
9	4						2	
		6	1		3			8

정답은 **151쪽**에 있습니다.

SUDOKU

087

★★★★

6			9	5				
		9						3
						7		
	8				5	6		
		2	8					7
3			2	9		8		5
		1	5		6			8
		8					6	
2		7	1	4				

정답은 **151쪽**에 있습니다.

	6				3	5		
	1			5	2		6	
9			1					
	7						4	
		9			8	7		
	4		6	2				8
		8		3		2		
7					5			4
1			7			3		

정답은 **151쪽**에 있습니다.

SUDOKU

089

★★★★

	3				8	5		
								8
	2		4	6			3	
5						2		7
			2	9		4		
							6	
3	8		7			1		6
	1	6		3	4			
		7		5				9

정답은 152쪽에 있습니다.

SUDOKU

090

★★★★

	3			8	5			1
		6			2			
	7				9			8
7				5	4	6		
	1					4		
				1			7	
		3		2		1		
1	6					5		
	5	8	7				4	

정답은 152쪽에 있습니다.

SUDOKU

091

★★★★★

					6	8		
	2							7
		3		5		2		
	7				9		3	
8			2			5		9
3				8			2	
		2						6
	4							
9	6						7	3

정답은 **152쪽**에 있습니다.

SUDOKU

092

★★★★★

	3				4	1		
			7			4		
6	2							
			9	1				5
						9		
	8	3			2			6
	5	7		3			4	
8					6		9	1

정답은 **152쪽**에 있습니다.

SUDOKU

093

★★★★★

				8	5		1	
4					7			
			6			3	4	
2					6			
	1		8			9		6
		7	1			5		
		6						3
8								
5				4			7	2

정답은 **153쪽**에 있습니다.

SUDOKU

094

★★★★★

	8			7			2	
							5	8
	2		1	5				
1			8			6		
7	5		4					
		9			6			7
								6
				9		3		
9	1				2			

정답은 **153쪽**에 있습니다.

SUDOKU

095

★★★★★

					9			
	8		7					1
2				8		5	7	
						6		
3	5		4		6			
	1						2	
		9	5					
	6				4			3
		7		9			1	

정답은 **153쪽**에 있습니다.

SUDOKU

096

★★★★★

	3				9			
								2
7			3					8
		6						3
			5			8		
8		4			2	9	1	
		7				5		
6		3	4					
			1		5	2		

정답은 **153쪽**에 있습니다.

SUDOKU

097

★★★★★

					8			
		8					5	
	3			5	1		2	
8	5				3			
4			2				7	9
							6	
					9			4
7	6	1						3
			6		2			

정답은 **154쪽**에 있습니다.

SUDOKU

098

★★★★★

	4							
		5		2		4		
					3		9	
		8					7	
			2		8		1	
4					7			9
	7		6				3	
3	8			4			6	
	1			5				

정답은 154쪽에 있습니다.

SUDOKU

099

★★★★★

	4		9			7		
	8		4	2				
		6				9		
			8	1		5		
				4				6
1		7						
3				9			2	8
	5	1						9
				6				

정답은 **154쪽**에 있습니다.

SUDOKU

100

★★★★★

	5			6		7		
		1						
	2		1					9
		8						
5					9	6		
			4	7	2		9	
3	6						4	8
					7		3	
	4			9				

정답은 **154쪽**에 있습니다.

SUDOKU

101

★★★★★

5			7	9				
	3	2						
							4	
			3					
	4		9					8
	8		4			7	1	
					2		5	
	6	1						9
7				1		3	8	

정답은 155쪽에 있습니다.

SUDOKU

102

★★★★★

1	8		4					2
					2			6
	5						9	
4			6	1		3		
		9			8	4	7	
							5	
	9	3			5			
		7		2				
					1			

정답은 **155쪽**에 있습니다.

SUDOKU

103

★★★★★

________________  ________________

						3		
		3	2	4				
	8			9			2	5
4				7		1		6
		5			1			9
7	9		4					
	1		5					7
3		2		6	8	9		4

정답은 **155쪽**에 있습니다.

SUDOKU

104

★★★★★

5	1					4		
			8	3				
	6		2					
7						3	9	
8	4						2	1
					6			
1	5					6		
					9	2	8	
9				4				

정답은 **155쪽**에 있습니다.

SUDOKU

105

★★★★★

1				8	5			
2	6	3						
		8				4		
			2		7			
	7				9			1
						6	7	
		1						9
			9	3				
	4		6		8			5

정답은 **156쪽**에 있습니다.

SUDOKU

106

★★★★★

		1		8			3	
		7	6					9
			7					
5			1		6		2	
3	6				9			
	1	4			7			
						4		8
7	3							
8		6				9		

정답은 156쪽에 있습니다.

SUDOKU

107

★★★★★

				4			7	
								2
	4		5		3	1	6	
	2	4					8	
3								
7			9			5		
						7		
6				3	8			1
	5	8				9		

정답은 **156쪽**에 있습니다.

SUDOKU

108

★★★★★

	5	1		8				
			3		2			4
	3						6	
		8	2					3
		7				9	5	
	9							1
		4	6		8			
1	6			5			3	

정답은 156쪽에 있습니다.

SUDOKU

109

★★★★★

1		6	8			7		
		5			7	3		
5				2				8
	9		1					2
			9	4				1
	2				3			
8						4		
				6			2	9

정답은 **157쪽**에 있습니다.

SUDOKU

110

★★★★★

					6		2	
						9		
7	2			8				5
5				9		2		6
9							3	
4				7				8
	3					4	5	
	6				3			
			4				8	

정답은 **157쪽**에 있습니다.

SUDOKU

111

★★★★★

		4		1		8		6
								9
	6		5	7		3		
2								
		6						1
4					8			
8			3				7	2
	5	3	7					
			9			6		

정답은 **157쪽**에 있습니다.

SUDOKU

112

★★★★★

	7	1	9	3				2
						9		
8		6						
			6					9
	2							8
		8	4					3
				4	5	6		
	6		2					7
2			3				5	

정답은 **157쪽**에 있습니다.

SUDOKU

113

★★★★★

		9		8				2
2			3					
	6			7	1			
8						9		
							1	4
9		7					2	
				2			3	7
	1		8				5	
		2		9	5			

정답은 **158쪽**에 있습니다.

SUDOKU

114

★★★★★

			1					
	8			2		7		
			5			3	9	
	5							
	7	4				9		3
		3			6			4
	9						5	
			2					
2					4		8	1

정답은 **158쪽**에 있습니다.

SUDOKU

115

★★★★★

		7			2		4	9
	8			7		6		
								5
		5			9		8	4
				2				
7	4					9		
		2		9	4			
1			8					
	6				5			

정답은 **158쪽**에 있습니다.

SUDOKU

116

★★★★★

	2			7				
5								
4		3	9				1	
	7				1		4	
		5						6
			3	4				
			6		8			
		2			9			3
9		4			3			2

정답은 **158쪽**에 있습니다.

SUDOKU

117

★★★★★

	9	3					4	
			8	4			1	
	5			9			2	
			9					
				5	2			4
		6				7		
	6					5		
			5			1	8	
8					1		7	

정답은 **159쪽**에 있습니다.

SUDOKU

118

★★★★★

	2	4		6		8		
			1			9		
				2				3
	7						5	
	8					6		
2			4	1				
		7			9	1		5
6					5			7
		9						

정답은 **159쪽**에 있습니다.

SUDOKU

119

★★★★★

							3	
		9	8	4				
2								7
	5		1					
3						4		5
	1		6	3				
		8	9	1		2		
		5			7			
		4					6	1

정답은 **159쪽**에 있습니다.

SUDOKU

120

★★★★★

8	1				7		3	
		2						5
4			1			6		
					4			
		9	6	2				3
		1						7
			4	3				
7			5			1		2
		8						

정답은 **159쪽**에 있습니다.

001

4	6	1	2	7	5	3	8	9
5	8	2	3	6	9	7	4	1
7	9	3	1	4	8	6	2	5
3	1	9	6	2	4	5	7	8
2	4	8	9	5	7	1	3	6
6	5	7	8	1	3	4	9	2
1	3	6	7	8	2	9	5	4
8	7	5	4	9	1	2	6	3
9	2	4	5	3	6	8	1	7

002

5	9	8	7	4	2	6	3	1
2	4	6	3	1	9	5	8	7
1	3	7	8	6	5	4	9	2
8	5	2	9	7	6	3	1	4
9	7	1	5	3	4	8	2	6
4	6	3	1	2	8	7	5	9
7	8	9	6	5	1	2	4	3
6	2	5	4	9	3	1	7	8
3	1	4	2	8	7	9	6	5

003

2	3	9	8	4	5	6	1	7
8	1	7	9	6	2	5	3	4
6	4	5	3	7	1	8	2	9
9	2	4	1	5	6	3	7	8
1	6	8	2	3	7	4	9	5
5	7	3	4	9	8	1	6	2
7	9	6	5	8	3	2	4	1
3	8	2	7	1	4	9	5	6
4	5	1	6	2	9	7	8	3

004

7	1	9	4	6	5	8	3	2
8	2	5	7	9	3	6	1	4
4	3	6	1	8	2	7	9	5
1	6	8	5	3	4	9	2	7
3	7	2	8	1	9	4	5	6
9	5	4	2	7	6	1	8	3
2	8	1	6	5	7	3	4	9
6	4	3	9	2	8	5	7	1
5	9	7	3	4	1	2	6	8

005

8	7	4	3	2	1	6	9	5
6	5	2	9	4	8	7	3	1
3	1	9	6	7	5	8	4	2
9	6	3	7	1	2	5	8	4
5	2	8	4	6	3	1	7	9
7	4	1	8	5	9	2	6	3
2	3	6	5	8	4	9	1	7
1	9	7	2	3	6	4	5	8
4	8	5	1	9	7	3	2	6

006

5	2	6	3	1	8	4	7	9
4	1	7	9	5	6	2	8	3
8	3	9	4	2	7	5	6	1
7	5	8	2	9	4	1	3	6
1	6	4	8	7	3	9	2	5
3	9	2	5	6	1	7	4	8
2	8	5	6	4	9	3	1	7
6	4	1	7	3	5	8	9	2
9	7	3	1	8	2	6	5	4

007

3	4	8	2	9	6	1	5	7
2	9	5	4	1	7	3	8	6
6	7	1	5	3	8	9	2	4
8	1	6	7	4	9	2	3	5
4	3	9	1	2	5	7	6	8
5	2	7	6	8	3	4	9	1
9	6	3	8	7	1	5	4	2
1	5	2	9	6	4	8	7	3
7	8	4	3	5	2	6	1	9

008

4	2	1	5	6	7	3	9	8
8	7	3	4	9	2	6	1	5
6	5	9	1	8	3	2	7	4
1	8	2	9	3	4	5	6	7
9	4	7	6	1	5	8	2	3
5	3	6	7	2	8	1	4	9
7	6	4	8	5	1	9	3	2
2	9	8	3	4	6	7	5	1
3	1	5	2	7	9	4	8	6

009

4	1	3	7	2	5	9	6	8
9	7	5	1	8	6	3	4	2
6	2	8	3	4	9	7	5	1
1	3	9	2	5	7	4	8	6
2	6	7	4	1	8	5	9	3
8	5	4	6	9	3	2	1	7
7	9	2	5	6	1	8	3	4
5	4	1	8	3	2	6	7	9
3	8	6	9	7	4	1	2	5

010

9	1	6	4	7	5	2	8	3
4	3	5	8	2	6	7	9	1
2	8	7	1	3	9	6	5	4
1	4	8	3	5	2	9	6	7
5	9	2	7	6	1	4	3	8
7	6	3	9	4	8	1	2	5
3	2	4	5	9	7	8	1	6
8	5	9	6	1	4	3	7	2
6	7	1	2	8	3	5	4	9

011

1	4	7	9	8	3	5	2	6
2	9	3	5	6	7	8	4	1
8	6	5	4	1	2	7	3	9
5	8	6	2	4	1	9	7	3
9	3	1	7	5	8	4	6	2
7	2	4	3	9	6	1	8	5
6	1	2	8	7	5	3	9	4
4	5	8	6	3	9	2	1	7
3	7	9	1	2	4	6	5	8

012

5	2	7	6	4	9	3	1	8
4	6	8	7	1	3	2	9	5
9	1	3	5	2	8	6	7	4
2	3	5	4	7	6	1	8	9
7	8	6	3	9	1	4	5	2
1	4	9	8	5	2	7	3	6
3	9	2	1	6	5	8	4	7
8	5	4	2	3	7	9	6	1
6	7	1	9	8	4	5	2	3

013

9	5	7	8	6	3	4	2	1
4	6	8	2	5	1	7	9	3
3	2	1	4	9	7	6	5	8
1	4	3	9	2	6	8	7	5
8	9	2	7	1	5	3	6	4
6	7	5	3	4	8	9	1	2
2	3	6	1	7	4	5	8	9
5	8	9	6	3	2	1	4	7
7	1	4	5	8	9	2	3	6

014

1	7	9	4	8	3	2	6	5
6	4	8	2	5	1	9	7	3
2	3	5	9	6	7	1	4	8
7	9	2	5	1	8	4	3	6
8	1	4	3	9	6	7	5	2
5	6	3	7	2	4	8	9	1
3	5	1	8	7	9	6	2	4
4	8	7	6	3	2	5	1	9
9	2	6	1	4	5	3	8	7

015

4	7	3	2	9	8	1	5	6
2	9	1	4	5	6	8	3	7
6	8	5	3	7	1	4	2	9
1	6	2	7	3	5	9	8	4
9	5	8	1	4	2	6	7	3
3	4	7	8	6	9	5	1	2
7	2	6	5	8	4	3	9	1
8	3	9	6	1	7	2	4	5
5	1	4	9	2	3	7	6	8

016

2	6	9	8	4	3	1	7	5
1	8	4	6	7	5	2	9	3
3	7	5	1	9	2	4	6	8
4	9	1	2	6	8	3	5	7
7	3	6	4	5	9	8	2	1
8	5	2	3	1	7	9	4	6
5	2	3	9	8	6	7	1	4
9	4	7	5	3	1	6	8	2
6	1	8	7	2	4	5	3	9

017

1	3	2	7	5	8	6	9	4
7	8	6	9	3	4	2	1	5
4	9	5	6	2	1	3	8	7
8	5	1	2	7	3	4	6	9
9	7	4	1	6	5	8	3	2
6	2	3	4	8	9	7	5	1
5	6	9	3	4	7	1	2	8
3	1	7	8	9	2	5	4	6
2	4	8	5	1	6	9	7	3

018

6	7	8	5	9	4	1	2	3
3	9	1	2	8	7	5	6	4
4	5	2	6	1	3	9	7	8
8	6	5	9	4	2	7	3	1
1	4	9	3	7	5	2	8	6
2	3	7	1	6	8	4	9	5
7	8	6	4	2	1	3	5	9
9	1	3	7	5	6	8	4	2
5	2	4	8	3	9	6	1	7

019

5	4	1	2	8	3	7	6	9
9	3	2	5	6	7	4	1	8
6	7	8	9	1	4	5	2	3
2	6	3	8	9	5	1	7	4
7	8	5	1	4	6	3	9	2
1	9	4	3	7	2	8	5	6
4	2	7	6	3	1	9	8	5
3	5	9	7	2	8	6	4	1
8	1	6	4	5	9	2	3	7

020

8	4	1	7	2	9	5	3	6
5	6	9	8	1	3	2	7	4
7	2	3	6	4	5	8	9	1
3	9	2	5	7	4	1	6	8
1	8	5	2	9	6	7	4	3
6	7	4	1	3	8	9	5	2
9	1	6	3	5	2	4	8	7
4	3	7	9	8	1	6	2	5
2	5	8	4	6	7	3	1	9

021

1	7	9	4	3	2	8	5	6
2	8	5	1	7	6	9	3	4
6	3	4	8	5	9	1	2	7
8	2	7	6	4	3	5	9	1
5	4	3	9	2	1	6	7	8
9	1	6	7	8	5	3	4	2
7	5	2	3	1	8	4	6	9
4	9	1	5	6	7	2	8	3
3	6	8	2	9	4	7	1	5

022

1	4	9	8	3	2	6	5	7
8	7	6	1	5	9	4	2	3
2	3	5	4	7	6	1	9	8
9	5	7	3	2	1	8	6	4
4	8	3	6	9	5	7	1	2
6	1	2	7	8	4	5	3	9
3	2	4	5	1	7	9	8	6
7	9	1	2	6	8	3	4	5
5	6	8	9	4	3	2	7	1

023

5	9	8	7	1	3	6	2	4
3	2	1	4	6	5	8	7	9
6	4	7	9	8	2	5	3	1
8	3	9	5	7	6	4	1	2
7	1	5	2	3	4	9	8	6
4	6	2	1	9	8	7	5	3
9	7	3	6	5	1	2	4	8
2	8	6	3	4	7	1	9	5
1	5	4	8	2	9	3	6	7

024

2	4	7	8	1	5	6	3	9
6	3	5	4	2	9	7	1	8
1	9	8	6	3	7	5	2	4
4	2	1	5	9	8	3	7	6
5	7	3	1	6	4	8	9	2
8	6	9	3	7	2	4	5	1
9	5	2	7	4	6	1	8	3
7	1	6	9	8	3	2	4	5
3	8	4	2	5	1	9	6	7

025

6	3	5	4	7	9	1	2	8
7	1	2	8	5	6	4	3	9
8	4	9	1	3	2	7	5	6
3	2	7	9	4	1	6	8	5
4	5	1	3	6	8	2	9	7
9	8	6	5	2	7	3	4	1
1	7	3	2	8	5	9	6	4
2	6	8	7	9	4	5	1	3
5	9	4	6	1	3	8	7	2

026

1	4	8	9	3	5	2	7	6
9	6	2	7	1	8	4	3	5
7	3	5	4	6	2	1	9	8
4	7	3	1	5	9	8	6	2
2	8	6	3	7	4	5	1	9
5	9	1	2	8	6	7	4	3
3	5	4	6	2	7	9	8	1
6	2	7	8	9	1	3	5	4
8	1	9	5	4	3	6	2	7

027

3	8	4	6	9	5	2	1	7
1	5	9	4	7	2	3	8	6
6	7	2	3	1	8	5	9	4
5	2	6	8	3	4	9	7	1
8	3	7	1	2	9	6	4	5
4	9	1	7	5	6	8	3	2
9	6	3	2	4	7	1	5	8
2	4	5	9	8	1	7	6	3
7	1	8	5	6	3	4	2	9

028

7	5	2	6	4	8	1	3	9
1	4	8	7	3	9	5	2	6
6	3	9	1	2	5	8	4	7
3	6	4	8	7	2	9	1	5
9	2	1	3	5	6	4	7	8
5	8	7	4	9	1	2	6	3
4	1	5	9	6	3	7	8	2
8	9	6	2	1	7	3	5	4
2	7	3	5	8	4	6	9	1

029

3	1	9	6	7	2	8	4	5
8	6	4	1	5	3	9	2	7
5	2	7	9	4	8	3	1	6
7	5	2	3	8	6	4	9	1
1	4	6	7	2	9	5	8	3
9	8	3	5	1	4	6	7	2
6	7	1	8	9	5	2	3	4
4	3	8	2	6	1	7	5	9
2	9	5	4	3	7	1	6	8

030

8	9	4	1	5	7	2	3	6
1	3	2	6	4	8	9	5	7
5	6	7	9	2	3	4	8	1
6	4	8	2	7	5	3	1	9
9	5	1	4	3	6	8	7	2
7	2	3	8	9	1	5	6	4
2	1	6	3	8	9	7	4	5
3	7	9	5	1	4	6	2	8
4	8	5	7	6	2	1	9	3

031

1	3	4	5	9	7	2	8	6
9	5	6	2	8	1	3	4	7
8	2	7	3	4	6	1	5	9
6	9	3	8	1	2	4	7	5
4	7	8	6	3	5	9	2	1
5	1	2	4	7	9	6	3	8
3	4	9	1	5	8	7	6	2
7	6	5	9	2	3	8	1	4
2	8	1	7	6	4	5	9	3

032

9	3	1	4	5	6	7	2	8
2	8	6	7	9	3	5	1	4
4	7	5	1	2	8	6	3	9
1	2	8	6	3	5	4	9	7
3	5	7	8	4	9	2	6	1
6	4	9	2	7	1	3	8	5
5	6	3	9	1	4	8	7	2
8	9	2	5	6	7	1	4	3
7	1	4	3	8	2	9	5	6

033

8	9	1	3	7	5	6	4	2
4	2	3	8	9	6	5	1	7
5	6	7	1	2	4	3	9	8
6	1	9	2	8	3	7	5	4
2	4	8	5	6	7	1	3	9
7	3	5	9	4	1	8	2	6
1	7	2	4	3	8	9	6	5
9	5	6	7	1	2	4	8	3
3	8	4	6	5	9	2	7	1

034

9	6	5	3	7	4	2	8	1
1	4	7	5	2	8	3	9	6
8	3	2	1	9	6	5	4	7
6	9	3	4	8	1	7	2	5
4	2	8	6	5	7	1	3	9
5	7	1	2	3	9	8	6	4
3	5	9	7	6	2	4	1	8
2	1	6	8	4	5	9	7	3
7	8	4	9	1	3	6	5	2

035

1	7	3	9	4	5	6	8	2
5	2	6	1	7	8	3	4	9
8	9	4	2	6	3	1	5	7
2	8	7	4	3	9	5	1	6
4	1	9	5	8	6	7	2	3
6	3	5	7	2	1	4	9	8
7	5	8	6	1	2	9	3	4
3	6	1	8	9	4	2	7	5
9	4	2	3	5	7	8	6	1

036

5	7	2	6	8	4	1	3	9
1	9	6	3	7	5	2	4	8
8	4	3	9	1	2	7	5	6
4	3	1	8	2	9	6	7	5
2	6	7	5	4	3	8	9	1
9	8	5	1	6	7	3	2	4
7	2	8	4	9	1	5	6	3
3	1	4	2	5	6	9	8	7
6	5	9	7	3	8	4	1	2

037

8	5	2	3	6	1	4	9	7
4	1	3	9	7	8	2	5	6
6	9	7	4	5	2	3	8	1
7	6	5	1	8	4	9	2	3
3	4	8	2	9	6	1	7	5
1	2	9	7	3	5	6	4	8
9	3	1	8	4	7	5	6	2
5	7	4	6	2	3	8	1	9
2	8	6	5	1	9	7	3	4

038

2	4	3	7	9	5	1	8	6
5	8	9	1	4	6	3	7	2
7	1	6	3	2	8	9	4	5
4	7	8	9	6	1	2	5	3
3	9	1	8	5	2	7	6	4
6	2	5	4	3	7	8	9	1
8	6	7	5	1	3	4	2	9
1	5	4	2	7	9	6	3	8
9	3	2	6	8	4	5	1	7

039

3	5	9	2	4	8	6	1	7
7	6	1	9	5	3	4	8	2
2	4	8	7	1	6	9	3	5
9	1	6	8	7	2	3	5	4
5	8	2	6	3	4	7	9	1
4	7	3	5	9	1	2	6	8
8	3	7	1	2	9	5	4	6
6	2	4	3	8	5	1	7	9
1	9	5	4	6	7	8	2	3

040

1	3	8	5	7	2	4	6	9
5	7	6	8	9	4	3	1	2
4	9	2	3	1	6	8	7	5
9	1	3	2	5	7	6	8	4
8	6	5	1	4	3	2	9	7
2	4	7	6	8	9	1	5	3
7	8	1	4	2	5	9	3	6
6	2	9	7	3	1	5	4	8
3	5	4	9	6	8	7	2	1

041

3	7	5	1	8	6	4	2	9
2	1	8	4	5	9	3	6	7
6	9	4	2	3	7	8	5	1
4	6	7	5	1	3	2	9	8
1	2	9	6	4	8	7	3	5
8	5	3	7	9	2	1	4	6
7	4	2	9	6	1	5	8	3
5	8	6	3	7	4	9	1	2
9	3	1	8	2	5	6	7	4

042

7	3	2	8	4	1	9	5	6
6	9	8	5	3	2	1	4	7
4	5	1	6	7	9	3	8	2
5	7	6	4	2	3	8	1	9
3	8	4	9	1	6	7	2	5
1	2	9	7	8	5	6	3	4
2	1	7	3	9	4	5	6	8
8	4	5	1	6	7	2	9	3
9	6	3	2	5	8	4	7	1

043

9	7	5	3	1	4	8	6	2
8	1	2	6	9	5	4	7	3
3	6	4	2	8	7	9	1	5
2	3	6	4	7	9	5	8	1
1	8	9	5	3	6	2	4	7
5	4	7	1	2	8	3	9	6
6	5	8	7	4	2	1	3	9
4	2	1	9	6	3	7	5	8
7	9	3	8	5	1	6	2	4

044

5	4	7	9	3	1	6	8	2
9	6	1	4	2	8	5	7	3
8	2	3	7	6	5	4	9	1
4	1	2	8	7	3	9	5	6
6	9	8	1	5	4	3	2	7
7	3	5	6	9	2	1	4	8
2	8	9	3	4	6	7	1	5
1	7	6	5	8	9	2	3	4
3	5	4	2	1	7	8	6	9

045

5	3	6	1	2	9	8	7	4
2	9	7	6	4	8	1	5	3
8	4	1	5	3	7	9	6	2
7	8	2	3	6	5	4	9	1
1	5	3	9	7	4	2	8	6
4	6	9	8	1	2	5	3	7
6	2	8	4	5	3	7	1	9
9	1	4	7	8	6	3	2	5
3	7	5	2	9	1	6	4	8

046

8	5	3	4	6	7	1	2	9
2	1	4	8	5	9	6	3	7
9	6	7	1	3	2	8	5	4
5	8	9	3	1	6	7	4	2
3	4	6	2	7	8	9	1	5
1	7	2	9	4	5	3	6	8
6	9	5	7	2	3	4	8	1
7	3	1	5	8	4	2	9	6
4	2	8	6	9	1	5	7	3

047

7	2	8	3	5	6	9	4	1
4	1	3	9	7	8	5	2	6
9	6	5	4	2	1	3	8	7
2	8	9	6	1	4	7	5	3
6	3	7	8	9	5	4	1	2
5	4	1	7	3	2	8	6	9
1	7	6	5	8	3	2	9	4
3	5	4	2	6	9	1	7	8
8	9	2	1	4	7	6	3	5

048

9	1	2	8	3	6	7	4	5
7	8	3	5	9	4	1	6	2
4	6	5	2	7	1	8	3	9
1	3	9	6	4	2	5	8	7
2	7	4	3	8	5	9	1	6
6	5	8	9	1	7	4	2	3
5	4	7	1	2	3	6	9	8
3	9	6	4	5	8	2	7	1
8	2	1	7	6	9	3	5	4

049

1	5	9	3	7	6	4	8	2
8	3	7	4	2	1	9	5	6
2	4	6	9	8	5	1	7	3
9	1	2	5	3	8	6	4	7
3	7	4	6	1	9	8	2	5
5	6	8	2	4	7	3	9	1
4	9	5	1	6	2	7	3	8
6	8	3	7	5	4	2	1	9
7	2	1	8	9	3	5	6	4

050

7	8	3	6	5	9	4	1	2
9	5	1	7	4	2	3	8	6
4	2	6	3	1	8	5	9	7
3	7	5	8	6	4	9	2	1
1	4	9	5	2	7	6	3	8
2	6	8	1	9	3	7	5	4
6	3	7	9	8	1	2	4	5
5	1	4	2	3	6	8	7	9
8	9	2	4	7	5	1	6	3

051

2	3	7	1	4	5	8	9	6
6	8	1	3	9	2	7	4	5
5	4	9	6	8	7	2	3	1
9	2	4	5	3	8	1	6	7
7	5	3	4	1	6	9	8	2
1	6	8	2	7	9	3	5	4
3	1	5	8	2	4	6	7	9
4	9	2	7	6	3	5	1	8
8	7	6	9	5	1	4	2	3

052

4	7	1	5	6	2	9	8	3
2	6	9	8	1	3	4	7	5
3	5	8	4	7	9	1	6	2
1	3	5	7	2	6	8	4	9
7	4	6	3	9	8	2	5	1
8	9	2	1	5	4	7	3	6
6	1	4	9	8	5	3	2	7
5	8	7	2	3	1	6	9	4
9	2	3	6	4	7	5	1	8

053

6	3	7	9	4	8	2	5	1
9	5	1	7	3	2	6	4	8
2	8	4	1	5	6	9	7	3
3	9	6	8	1	7	5	2	4
7	4	8	5	2	3	1	6	9
5	1	2	4	6	9	3	8	7
4	7	5	2	9	1	8	3	6
1	2	3	6	8	4	7	9	5
8	6	9	3	7	5	4	1	2

054

2	3	1	5	4	8	9	6	7
5	9	4	6	3	7	1	8	2
7	8	6	9	2	1	5	3	4
3	2	7	1	6	9	4	5	8
8	4	9	7	5	2	6	1	3
1	6	5	4	8	3	2	7	9
6	5	8	3	9	4	7	2	1
9	1	3	2	7	6	8	4	5
4	7	2	8	1	5	3	9	6

055

7	8	3	4	6	5	9	1	2
6	4	9	2	1	8	3	7	5
5	1	2	9	3	7	4	8	6
2	3	5	1	7	9	6	4	8
8	7	4	3	5	6	2	9	1
9	6	1	8	2	4	5	3	7
3	5	8	6	9	1	7	2	4
4	9	7	5	8	2	1	6	3
1	2	6	7	4	3	8	5	9

056

8	7	2	3	4	5	9	6	1
1	3	4	8	9	6	5	7	2
9	6	5	7	2	1	3	8	4
4	8	3	6	5	7	1	2	9
2	9	1	4	8	3	7	5	6
7	5	6	2	1	9	8	4	3
6	2	9	1	7	8	4	3	5
5	4	8	9	3	2	6	1	7
3	1	7	5	6	4	2	9	8

057

3	9	2	8	7	6	5	4	1
1	7	6	5	3	4	9	8	2
4	5	8	1	2	9	3	7	6
6	8	9	3	4	2	7	1	5
2	1	3	7	9	5	4	6	8
5	4	7	6	8	1	2	3	9
7	3	5	2	1	8	6	9	4
9	6	1	4	5	7	8	2	3
8	2	4	9	6	3	1	5	7

058

1	2	9	3	5	4	8	6	7
5	4	7	9	8	6	3	2	1
3	6	8	7	2	1	9	5	4
6	9	5	2	1	7	4	8	3
4	3	1	5	6	8	2	7	9
8	7	2	4	9	3	6	1	5
7	1	4	6	3	2	5	9	8
9	8	6	1	4	5	7	3	2
2	5	3	8	7	9	1	4	6

059

1	9	7	3	5	4	8	6	2
8	3	6	1	2	7	4	9	5
4	2	5	8	9	6	1	7	3
9	6	2	7	8	3	5	1	4
7	1	3	9	4	5	2	8	6
5	4	8	6	1	2	9	3	7
2	7	1	4	6	8	3	5	9
6	5	9	2	3	1	7	4	8
3	8	4	5	7	9	6	2	1

060

8	5	1	7	9	2	3	4	6
2	7	6	8	3	4	1	9	5
9	4	3	1	6	5	8	2	7
7	8	5	9	1	6	4	3	2
4	3	9	2	5	7	6	8	1
6	1	2	3	4	8	5	7	9
1	9	4	5	2	3	7	6	8
3	2	8	6	7	1	9	5	4
5	6	7	4	8	9	2	1	3

061

5	8	1	7	9	3	4	2	6
2	6	3	4	5	1	9	7	8
9	4	7	6	8	2	5	1	3
6	1	4	8	2	7	3	5	9
8	5	9	1	3	6	7	4	2
3	7	2	9	4	5	8	6	1
4	2	8	5	6	9	1	3	7
1	9	6	3	7	4	2	8	5
7	3	5	2	1	8	6	9	4

062

6	7	5	2	9	3	1	4	8
3	4	8	5	6	1	9	2	7
1	2	9	8	4	7	6	5	3
9	3	1	4	8	6	5	7	2
5	8	4	7	1	2	3	6	9
7	6	2	9	3	5	8	1	4
4	1	6	3	7	9	2	8	5
8	5	3	1	2	4	7	9	6
2	9	7	6	5	8	4	3	1

063

1	4	9	8	6	2	3	7	5
7	5	2	3	4	9	6	8	1
8	6	3	1	5	7	9	2	4
9	2	5	7	1	3	8	4	6
6	1	8	9	2	4	7	5	3
4	3	7	5	8	6	2	1	9
2	9	4	6	7	5	1	3	8
3	7	1	4	9	8	5	6	2
5	8	6	2	3	1	4	9	7

064

6	7	9	1	4	2	8	5	3
8	5	1	3	7	6	2	9	4
3	4	2	5	9	8	7	1	6
4	6	7	8	1	5	9	3	2
1	3	5	2	6	9	4	7	8
2	9	8	4	3	7	5	6	1
7	2	4	6	5	3	1	8	9
5	1	6	9	8	4	3	2	7
9	8	3	7	2	1	6	4	5

065

4	8	2	5	6	1	9	3	7
6	3	7	8	2	9	1	5	4
1	9	5	3	7	4	6	2	8
5	1	9	6	8	3	4	7	2
8	2	4	9	1	7	3	6	5
7	6	3	4	5	2	8	9	1
9	7	8	1	3	5	2	4	6
3	5	1	2	4	6	7	8	9
2	4	6	7	9	8	5	1	3

066

8	7	3	9	5	4	6	2	1
5	9	2	1	6	8	4	7	3
1	4	6	7	3	2	8	9	5
3	1	7	8	9	5	2	4	6
6	5	9	2	4	1	3	8	7
2	8	4	6	7	3	5	1	9
4	6	1	3	8	9	7	5	2
9	3	5	4	2	7	1	6	8
7	2	8	5	1	6	9	3	4

067

9	5	4	1	2	6	8	7	3
8	7	6	4	9	3	5	1	2
1	3	2	8	5	7	4	9	6
3	4	1	7	6	5	2	8	9
6	9	5	3	8	2	7	4	1
2	8	7	9	1	4	3	6	5
7	6	8	2	3	9	1	5	4
5	1	3	6	4	8	9	2	7
4	2	9	5	7	1	6	3	8

068

4	8	5	3	7	6	2	1	9
9	6	1	8	4	2	7	3	5
7	2	3	9	1	5	6	4	8
1	9	8	2	3	7	5	6	4
6	4	2	1	5	9	3	8	7
5	3	7	4	6	8	9	2	1
8	7	6	5	2	4	1	9	3
2	1	9	7	8	3	4	5	6
3	5	4	6	9	1	8	7	2

069

3	9	6	1	5	4	8	2	7
2	5	7	8	9	6	1	3	4
4	1	8	7	2	3	9	5	6
5	7	1	4	3	9	6	8	2
9	6	4	5	8	2	3	7	1
8	3	2	6	7	1	5	4	9
1	4	5	2	6	8	7	9	3
7	2	9	3	1	5	4	6	8
6	8	3	9	4	7	2	1	5

070

7	4	5	2	6	9	8	1	3
2	8	1	7	3	4	9	5	6
9	3	6	8	1	5	7	4	2
4	6	7	1	5	8	2	3	9
8	5	2	9	7	3	1	6	4
1	9	3	4	2	6	5	8	7
5	2	4	3	9	1	6	7	8
3	1	9	6	8	7	4	2	5
6	7	8	5	4	2	3	9	1

071

9	4	6	7	1	5	3	8	2
2	7	1	8	3	9	4	6	5
3	5	8	6	4	2	1	9	7
6	9	2	1	7	8	5	4	3
7	8	4	5	2	3	9	1	6
1	3	5	9	6	4	7	2	8
8	1	3	2	9	7	6	5	4
5	6	7	4	8	1	2	3	9
4	2	9	3	5	6	8	7	1

072

8	4	1	3	7	9	2	6	5
7	2	9	5	6	4	3	8	1
6	5	3	2	8	1	4	9	7
9	6	2	4	1	3	5	7	8
5	1	4	7	2	8	6	3	9
3	7	8	9	5	6	1	4	2
1	9	6	8	4	2	7	5	3
4	3	7	1	9	5	8	2	6
2	8	5	6	3	7	9	1	4

073

7	5	1	4	3	6	8	9	2
9	3	8	2	7	5	4	1	6
2	6	4	9	1	8	3	5	7
4	7	6	3	9	2	1	8	5
1	8	9	7	5	4	2	6	3
3	2	5	6	8	1	7	4	9
5	4	3	1	2	9	6	7	8
6	9	2	8	4	7	5	3	1
8	1	7	5	6	3	9	2	4

074

7	2	4	3	5	8	9	1	6
3	6	1	7	2	9	5	8	4
9	8	5	6	1	4	3	2	7
5	9	6	2	7	3	8	4	1
4	1	2	5	8	6	7	3	9
8	3	7	4	9	1	2	6	5
6	7	8	1	3	5	4	9	2
2	4	9	8	6	7	1	5	3
1	5	3	9	4	2	6	7	8

075

9	3	6	7	2	5	4	1	8
4	1	2	9	6	8	7	3	5
7	8	5	3	1	4	6	2	9
5	4	7	1	3	2	9	8	6
3	6	1	8	5	9	2	4	7
8	2	9	6	4	7	3	5	1
2	7	4	5	8	6	1	9	3
1	9	8	2	7	3	5	6	4
6	5	3	4	9	1	8	7	2

076

7	1	4	6	5	3	2	8	9
6	8	3	2	9	4	5	1	7
9	5	2	8	7	1	3	6	4
2	4	8	9	6	7	1	3	5
5	9	1	3	2	8	7	4	6
3	6	7	1	4	5	8	9	2
1	2	9	5	3	6	4	7	8
8	7	6	4	1	2	9	5	3
4	3	5	7	8	9	6	2	1

077

5	1	7	6	2	3	4	9	8
2	9	6	4	7	8	5	1	3
4	8	3	9	5	1	6	7	2
9	4	2	1	8	5	7	3	6
8	6	1	7	3	4	9	2	5
3	7	5	2	9	6	1	8	4
1	3	9	5	6	2	8	4	7
6	2	4	8	1	7	3	5	9
7	5	8	3	4	9	2	6	1

078

2	4	5	8	3	1	6	9	7
7	1	3	2	9	6	4	5	8
6	9	8	5	4	7	1	2	3
8	6	1	7	5	3	9	4	2
9	5	7	4	1	2	3	8	6
4	3	2	9	6	8	5	7	1
1	8	9	6	7	5	2	3	4
5	7	6	3	2	4	8	1	9
3	2	4	1	8	9	7	6	5

079

3	4	6	1	2	5	9	8	7
8	2	9	3	7	6	4	1	5
1	7	5	9	4	8	6	3	2
4	1	8	6	9	7	5	2	3
9	5	3	2	8	1	7	4	6
2	6	7	4	5	3	8	9	1
5	8	2	7	3	9	1	6	4
6	9	4	5	1	2	3	7	8
7	3	1	8	6	4	2	5	9

080

7	8	6	5	9	3	4	1	2
9	1	4	2	8	7	3	6	5
3	5	2	1	4	6	9	8	7
2	3	9	4	6	5	8	7	1
5	4	8	9	7	1	2	3	6
1	6	7	3	2	8	5	9	4
8	2	1	7	3	4	6	5	9
4	7	3	6	5	9	1	2	8
6	9	5	8	1	2	7	4	3

081

6	9	5	3	4	8	2	1	7
4	1	7	5	2	6	8	3	9
8	3	2	1	7	9	4	5	6
1	2	6	4	9	3	5	7	8
9	4	3	8	5	7	1	6	2
7	5	8	6	1	2	3	9	4
2	6	4	9	3	1	7	8	5
5	8	1	7	6	4	9	2	3
3	7	9	2	8	5	6	4	1

082

4	3	9	5	6	7	1	8	2
5	6	2	8	9	1	7	4	3
8	1	7	2	4	3	6	5	9
2	4	8	1	3	9	5	6	7
9	7	3	4	5	6	8	2	1
6	5	1	7	8	2	9	3	4
1	8	5	3	7	4	2	9	6
3	2	6	9	1	5	4	7	8
7	9	4	6	2	8	3	1	5

083

4	3	5	1	9	7	8	6	2
8	2	6	5	4	3	9	1	7
1	7	9	2	6	8	5	4	3
7	1	4	6	8	9	2	3	5
2	6	8	3	1	5	4	7	9
5	9	3	7	2	4	6	8	1
6	4	7	9	3	2	1	5	8
9	5	1	8	7	6	3	2	4
3	8	2	4	5	1	7	9	6

084

5	6	3	2	7	1	8	4	9
9	4	1	8	5	3	2	6	7
8	7	2	6	4	9	5	1	3
3	9	4	1	2	7	6	5	8
2	8	5	9	6	4	7	3	1
7	1	6	3	8	5	9	2	4
4	5	9	7	3	2	1	8	6
1	3	8	5	9	6	4	7	2
6	2	7	4	1	8	3	9	5

085

2	3	6	7	5	1	9	8	4
7	9	4	6	2	8	5	1	3
1	8	5	4	3	9	2	7	6
9	5	8	2	6	4	1	3	7
3	1	2	8	9	7	4	6	5
4	6	7	5	1	3	8	9	2
6	7	1	9	4	2	3	5	8
8	4	3	1	7	5	6	2	9
5	2	9	3	8	6	7	4	1

086

1	5	9	4	7	8	2	3	6
6	7	2	9	3	5	8	1	4
8	3	4	2	6	1	5	7	9
4	1	3	8	5	2	9	6	7
2	9	8	6	4	7	1	5	3
7	6	5	3	1	9	4	8	2
3	8	1	7	2	4	6	9	5
9	4	7	5	8	6	3	2	1
5	2	6	1	9	3	7	4	8

087

6	1	3	9	5	7	4	8	2
7	4	9	6	8	2	5	1	3
8	2	5	4	1	3	7	9	6
9	8	4	3	7	5	6	2	1
1	5	2	8	6	4	9	3	7
3	7	6	2	9	1	8	4	5
4	9	1	5	3	6	2	7	8
5	3	8	7	2	9	1	6	4
2	6	7	1	4	8	3	5	9

088

2	6	4	8	9	3	5	1	7
3	1	7	4	5	2	8	6	9
9	8	5	1	7	6	4	2	3
8	7	3	5	1	9	6	4	2
6	2	9	3	4	8	7	5	1
5	4	1	6	2	7	9	3	8
4	5	8	9	3	1	2	7	6
7	3	6	2	8	5	1	9	4
1	9	2	7	6	4	3	8	5

089

6	3	1	9	7	8	5	2	4
4	5	9	3	1	2	6	7	8
7	2	8	4	6	5	9	3	1
5	6	4	1	8	3	2	9	7
8	7	3	2	9	6	4	1	5
1	9	2	5	4	7	8	6	3
3	8	5	7	2	9	1	4	6
9	1	6	8	3	4	7	5	2
2	4	7	6	5	1	3	8	9

090

4	3	2	6	8	5	7	9	1
8	9	6	1	7	2	3	5	4
5	7	1	3	4	9	2	6	8
7	8	9	2	5	4	6	1	3
3	1	5	8	6	7	4	2	9
6	2	4	9	1	3	8	7	5
9	4	3	5	2	6	1	8	7
1	6	7	4	9	8	5	3	2
2	5	8	7	3	1	9	4	6

091

4	9	7	3	2	6	8	1	5
5	2	1	4	9	8	3	6	7
6	8	3	7	5	1	2	9	4
2	7	4	5	1	9	6	3	8
8	1	6	2	3	7	5	4	9
3	5	9	6	8	4	7	2	1
1	3	2	9	7	5	4	8	6
7	4	8	1	6	3	9	5	2
9	6	5	8	4	2	1	7	3

092

7	3	8	6	2	4	1	5	9
5	9	1	7	8	3	4	6	2
6	2	4	1	9	5	8	7	3
4	7	6	9	1	8	2	3	5
2	1	5	3	6	7	9	8	4
9	8	3	4	5	2	7	1	6
3	6	9	8	4	1	5	2	7
1	5	7	2	3	9	6	4	8
8	4	2	5	7	6	3	9	1

093

6	2	3	4	8	5	7	1	9
4	5	9	3	1	7	2	6	8
1	7	8	6	2	9	3	4	5
2	8	4	5	9	6	1	3	7
3	1	5	8	7	4	9	2	6
9	6	7	1	3	2	5	8	4
7	4	6	2	5	1	8	9	3
8	9	2	7	6	3	4	5	1
5	3	1	9	4	8	6	7	2

094

6	8	5	9	7	4	1	2	3
4	9	1	2	6	3	7	5	8
3	2	7	1	5	8	4	6	9
1	4	2	8	3	7	6	9	5
7	5	6	4	2	9	8	3	1
8	3	9	5	1	6	2	4	7
2	7	8	3	4	5	9	1	6
5	6	4	7	9	1	3	8	2
9	1	3	6	8	2	5	7	4

095

1	7	3	6	5	9	2	4	8
9	8	5	7	4	2	3	6	1
2	4	6	1	8	3	5	7	9
7	9	2	8	1	5	6	3	4
3	5	8	4	2	6	1	9	7
6	1	4	9	3	7	8	2	5
4	3	9	5	6	1	7	8	2
8	6	1	2	7	4	9	5	3
5	2	7	3	9	8	4	1	6

096

4	3	5	2	8	9	6	7	1
1	8	9	7	4	6	3	5	2
7	6	2	3	5	1	4	9	8
5	2	6	9	1	8	7	4	3
3	9	1	5	7	4	8	2	6
8	7	4	6	3	2	9	1	5
2	1	7	8	9	3	5	6	4
6	5	3	4	2	7	1	8	9
9	4	8	1	6	5	2	3	7

097

5	7	2	9	6	8	4	3	1
1	4	8	3	2	7	9	5	6
6	3	9	4	5	1	8	2	7
8	5	6	7	9	3	1	4	2
4	1	3	2	8	6	5	7	9
2	9	7	5	1	4	3	6	8
3	2	5	1	7	9	6	8	4
7	6	1	8	4	5	2	9	3
9	8	4	6	3	2	7	1	5

098

9	4	1	8	7	5	6	2	3
7	3	5	9	2	6	4	8	1
8	6	2	4	1	3	5	9	7
1	9	8	5	3	4	2	7	6
6	5	7	2	9	8	3	1	4
4	2	3	1	6	7	8	5	9
5	7	4	6	8	1	9	3	2
3	8	9	7	4	2	1	6	5
2	1	6	3	5	9	7	4	8

099

5	4	3	9	8	1	7	6	2
7	8	9	4	2	6	3	5	1
2	1	6	5	3	7	9	8	4
4	6	2	8	1	3	5	9	7
8	3	5	7	4	9	2	1	6
1	9	7	6	5	2	8	4	3
3	7	4	1	9	5	6	2	8
6	5	1	2	7	8	4	3	9
9	2	8	3	6	4	1	7	5

100

8	5	4	9	6	3	7	2	1
9	3	1	7	2	5	4	8	6
7	2	6	1	8	4	3	5	9
4	9	8	5	1	6	2	7	3
5	7	2	8	3	9	6	1	4
6	1	3	4	7	2	8	9	5
3	6	7	2	5	1	9	4	8
1	8	9	6	4	7	5	3	2
2	4	5	3	9	8	1	6	7

101

5	1	6	7	9	4	8	3	2
4	3	2	1	5	8	9	6	7
9	7	8	2	3	6	1	4	5
2	5	7	3	8	1	4	9	6
1	4	3	9	6	7	5	2	8
6	8	9	4	2	5	7	1	3
3	9	4	8	7	2	6	5	1
8	6	1	5	4	3	2	7	9
7	2	5	6	1	9	3	8	4

102

1	8	6	4	9	7	5	3	2
9	3	4	5	8	2	7	1	6
7	5	2	1	3	6	8	9	4
4	7	5	6	1	9	3	2	8
3	6	9	2	5	8	4	7	1
8	2	1	7	4	3	6	5	9
2	9	3	8	6	5	1	4	7
6	1	7	3	2	4	9	8	5
5	4	8	9	7	1	2	6	3

103

5	2	9	6	8	7	3	4	1
1	7	3	2	4	5	6	9	8
6	8	4	1	9	3	7	2	5
4	3	8	9	7	2	1	5	6
2	6	5	8	3	1	4	7	9
7	9	1	4	5	6	2	8	3
9	1	6	5	2	4	8	3	7
3	5	2	7	6	8	9	1	4
8	4	7	3	1	9	5	6	2

104

5	1	8	9	6	7	4	3	2
2	7	9	8	3	4	1	6	5
4	6	3	2	1	5	9	7	8
7	2	5	4	8	1	3	9	6
8	4	6	5	9	3	7	2	1
3	9	1	7	2	6	8	5	4
1	5	2	3	7	8	6	4	9
6	3	4	1	5	9	2	8	7
9	8	7	6	4	2	5	1	3

105

1	9	4	3	8	5	2	6	7
2	6	3	7	9	4	5	1	8
7	5	8	1	2	6	4	9	3
8	3	6	2	1	7	9	5	4
4	7	2	5	6	9	3	8	1
9	1	5	8	4	3	6	7	2
6	8	1	4	5	2	7	3	9
5	2	7	9	3	1	8	4	6
3	4	9	6	7	8	1	2	5

106

9	2	1	5	8	4	6	3	7
4	5	7	6	1	3	2	8	9
6	8	3	7	9	2	5	4	1
5	7	9	1	3	6	8	2	4
3	6	8	4	2	9	7	1	5
2	1	4	8	5	7	3	9	6
1	9	2	3	6	5	4	7	8
7	3	5	9	4	8	1	6	2
8	4	6	2	7	1	9	5	3

107

1	6	9	8	4	2	3	7	5
5	7	3	1	6	9	8	4	2
8	4	2	5	7	3	1	6	9
9	2	4	3	5	1	6	8	7
3	1	5	7	8	6	2	9	4
7	8	6	9	2	4	5	1	3
4	3	1	6	9	5	7	2	8
6	9	7	2	3	8	4	5	1
2	5	8	4	1	7	9	3	6

108

4	5	1	7	8	6	3	2	9
7	8	6	3	9	2	5	1	4
2	3	9	1	4	5	8	6	7
5	1	8	2	6	9	7	4	3
6	4	7	8	3	1	9	5	2
9	2	3	5	7	4	1	8	6
8	9	5	4	2	3	6	7	1
3	7	4	6	1	8	2	9	5
1	6	2	9	5	7	4	3	8

109

1	4	6	8	3	2	7	9	5
9	3	7	5	1	4	2	8	6
2	8	5	6	9	7	3	1	4
5	1	4	3	2	6	9	7	8
3	9	8	1	7	5	6	4	2
7	6	2	9	4	8	5	3	1
6	2	9	4	8	3	1	5	7
8	7	1	2	5	9	4	6	3
4	5	3	7	6	1	8	2	9

110

3	4	9	7	5	6	8	2	1
6	5	8	2	3	1	9	7	4
7	2	1	9	8	4	3	6	5
5	7	3	1	9	8	2	4	6
9	8	2	6	4	5	1	3	7
4	1	6	3	7	2	5	9	8
1	3	7	8	6	9	4	5	2
8	6	4	5	2	3	7	1	9
2	9	5	4	1	7	6	8	3

111

9	7	4	2	1	3	8	5	6
3	2	5	8	6	4	7	1	9
1	6	8	5	7	9	3	2	4
2	8	1	6	3	5	9	4	7
5	3	6	4	9	7	2	8	1
4	9	7	1	2	8	5	6	3
8	1	9	3	5	6	4	7	2
6	5	3	7	4	2	1	9	8
7	4	2	9	8	1	6	3	5

112

5	7	1	9	3	6	4	8	2
3	4	2	8	5	7	9	1	6
8	9	6	1	2	4	7	3	5
1	3	4	6	8	2	5	7	9
6	2	9	5	7	3	1	4	8
7	5	8	4	9	1	2	6	3
9	8	3	7	4	5	6	2	1
4	6	5	2	1	8	3	9	7
2	1	7	3	6	9	8	5	4

113

1	7	9	5	8	4	3	6	2
2	8	5	3	6	9	7	4	1
3	6	4	2	7	1	5	9	8
8	4	1	6	3	2	9	7	5
6	2	3	9	5	7	8	1	4
9	5	7	4	1	8	6	2	3
5	9	8	1	2	6	4	3	7
7	1	6	8	4	3	2	5	9
4	3	2	7	9	5	1	8	6

114

3	6	2	1	7	9	8	4	5
5	8	9	4	2	3	7	1	6
7	4	1	5	6	8	3	9	2
9	5	6	3	4	7	1	2	8
1	7	4	8	5	2	9	6	3
8	2	3	9	1	6	5	7	4
4	9	8	6	3	1	2	5	7
6	1	7	2	8	5	4	3	9
2	3	5	7	9	4	6	8	1

115

5	3	7	6	8	2	1	4	9
4	8	9	5	7	1	6	3	2
2	1	6	9	4	3	8	7	5
6	2	5	7	1	9	3	8	4
8	9	3	4	2	6	7	5	1
7	4	1	3	5	8	9	2	6
3	7	2	1	9	4	5	6	8
1	5	4	8	6	7	2	9	3
9	6	8	2	3	5	4	1	7

116

6	2	9	1	7	5	3	8	4
5	1	7	8	3	4	6	2	9
4	8	3	9	6	2	5	1	7
3	7	6	5	9	1	2	4	8
1	4	5	2	8	7	9	3	6
2	9	8	3	4	6	7	5	1
7	3	1	6	2	8	4	9	5
8	6	2	4	5	9	1	7	3
9	5	4	7	1	3	8	6	2

117

1	9	3	2	7	5	6	4	8
6	7	2	8	4	3	9	1	5
4	5	8	1	9	6	3	2	7
3	8	4	9	6	7	2	5	1
7	1	9	3	5	2	8	6	4
5	2	6	4	1	8	7	9	3
9	6	1	7	8	4	5	3	2
2	4	7	5	3	9	1	8	6
8	3	5	6	2	1	4	7	9

118

5	2	4	9	6	3	8	7	1
7	3	8	1	5	4	9	2	6
9	6	1	7	2	8	5	4	3
1	7	6	3	8	2	4	5	9
4	8	3	5	9	7	6	1	2
2	9	5	4	1	6	7	3	8
8	4	7	2	3	9	1	6	5
6	1	2	8	4	5	3	9	7
3	5	9	6	7	1	2	8	4

119

6	4	1	2	7	9	5	3	8
5	7	9	8	4	3	1	2	6
2	8	3	5	6	1	9	4	7
8	5	2	1	9	4	6	7	3
3	9	6	7	8	2	4	1	5
4	1	7	6	3	5	8	9	2
7	3	8	9	1	6	2	5	4
1	6	5	4	2	7	3	8	9
9	2	4	3	5	8	7	6	1

120

8	1	6	2	5	7	4	3	9
3	9	2	8	4	6	7	1	5
4	5	7	1	9	3	6	2	8
2	8	3	9	7	4	5	6	1
5	7	9	6	2	1	8	4	3
6	4	1	3	8	5	2	9	7
1	2	5	4	3	8	9	7	6
7	3	4	5	6	9	1	8	2
9	6	8	7	1	2	3	5	4

The 모두의 스도쿠 N°4

초판인쇄 : 2026년 3월 10일
초판발행 : 2026년 3월 17일

지 은 이 | 스도쿠 크리에이터
펴 낸 이 | 고명흠
펴 낸 곳 | 랜딩북스

출판등록 | 2019년 5월 21일 제2019-000050호
주 소 | 서울시 서대문구 세검정로1길 93,
벽산아파트 상가 A동 304호
전 화 | (02)356-8402 / FAX (02)356-8404
E-MAIL | landingbooks@daum.net
홈페이지 | www.munyei.com

ISBN 979-11-91895-46-9 (10410)